Gilbert Akolgo

Avaliação e modificação da debulhadora Yanmar para reduzir as perdas

Gilbert Akolgo

Avaliação e modificação da debulhadora Yanmar para reduzir as perdas

ScienciaScripts

Imprint
Any brand names and product names mentioned in this book are subject to trademark, brand or patent protection and are trademarks or registered trademarks of their respective holders. The use of brand names, product names, common names, trade names, product descriptions etc. even without a particular marking in this work is in no way to be construed to mean that such names may be regarded as unrestricted in respect of trademark and brand protection legislation and could thus be used by anyone.

Cover image: www.ingimage.com

This book is a translation from the original published under ISBN 978-620-2-00359-9.

Publisher:
Sciencia Scripts
is a trademark of
Dodo Books Indian Ocean Ltd. and OmniScriptum S.R.L publishing group

120 High Road, East Finchley, London, N2 9ED, United Kingdom
Str. Armeneasca 28/1, office 1, Chisinau MD-2012, Republic of Moldova, Europe
Printed at: see last page
ISBN: 978-620-7-71109-3

Índice:

AVALIAÇÃO DAS PERDAS DE GRÃOS E MODIFICAÇÃO DA DEBULHADORA YANMAR DB 1000 PARA REDUZIR AS PERDAS NA DEBULHA

BY

GILBERT A. AKOLGO

RESUMO

O baixo desempenho dos métodos tradicionais de debulha, a escassez de mão de obra, a redução do tempo de execução e a utilização de variedades de elevado rendimento forçaram inevitavelmente os agricultores a optar pela debulha mecânica dos cereais. A debulhadora de arroz Yanmar DB 1000, recentemente introduzida, ganhou popularidade entre os agricultores ganeses devido ao seu preço acessível. No entanto, a debulhadora tem a desvantagem de causar cerca de 8% de perdas de grãos durante o seu funcionamento no campo. Este estudo avaliou o desempenho no campo e modificou a debulhadora para reduzir as perdas totais de grãos causadas pela debulhadora.

O estudo foi efectuado em Tono Irrigation Scheme, Navrongo, Região do Alto Oriente do Gana. A variedade de arroz utilizada para a investigação foi a Jasmine 85, com um teor de humidade de 13,4% em base húmida. A debulhadora de arroz Yanmar DB 1000, a balança digital, o paquímetro interno, a fita métrica, o tacómetro digital e um forno elétrico foram os aparelhos utilizados nos testes. A avaliação foi efectuada com base nas perdas e danos nos grãos. Os factores testados foram a velocidade do tambor, a folga do côncavo e a taxa de alimentação em três níveis e três repetições cada. A avaliação mostrou que o debulhador teve perdas totais de grãos de 9,57%.

A análise dos resultados mostrou que a velocidade circunferencial de 20 ms^{-1} , com uma folga côncava de 20 mm e uma taxa de alimentação de 0,5 kg^{-1} , poderia reduzir as perdas totais para 3%, que é o total de perdas de grãos aceitável pelas normas ASAE para debulhadoras. Com base nestas conclusões, a debulhadora foi modificada. Na modificação, o sistema de polias e correias foi redesenhado. A debulhadora modificada foi testada. As perdas totais de grãos produzidas pela versão modificada da debulhadora Yanmar DB 1000 foram de 3,95% em comparação com a versão não modificada, que foi de 9,57%.

DEDICAÇÃO

Dedico esta tese aos meus pais, irmãos e professores.

RECONHECIMENTO

Estou grato a Deus Todo-Poderoso pela graça que me concedeu para concluir este trabalho. Agradeço também aos meus supervisores, Dr. M. N. Josiah e Dr. A. A. Mahama, pela sua imensa orientação. Agradeço ao Prof. E. A. Baryeh, ao Dr. E. Y. Kra e ao Sr. S. Dorvlo, meu colega, bem como aos membros do Departamento de Engenharia Agrícola da Universidade do Gana, por todo o apoio que me deram.

Capítulo 1

INTRODUÇÃO

1.1 ANTECEDENTES

No Gana, o arroz (*Oriza sativa*) é o terceiro cereal mais produzido, a seguir ao milho e ao sorgo. Em termos de produção total de cereais (ou seja, 1,6 milhões de toneladas/ano), o arroz contribui com cerca de 10,8%. O arroz é produzido em cada uma das dez regiões do Gana (Oteng *et al.*, 1999).

O aumento constante da população e o correspondente aumento da procura de alimentos conduziram a um aumento das importações de arroz na África Subsariana. Entre 1989 e 1996, o Gana foi considerado apenas 15,1% autossuficiente na produção de arroz, depois de ter descido de 48,3% entre 1970 e 1974 (Oteng e SantAnna, 1999). De acordo com a WARDA (2007), o Gana era inferior a 25% de autossuficiência na produção de arroz. Isto significa que o Gana necessita de grandes importações para aumentar a diferença na produção local. Estima-se que as perdas quantitativas pós-colheita de arroz na África Subsariana se situem entre 10 e 22%, enquanto as perdas qualitativas podem atingir os 50% (Manful *et al.*, 2010). A redução das perdas pós-colheita poderia ajudar a reduzir as importações de arroz com as perdas económicas que as acompanham. No entanto, não existem dados suficientes sobre as perdas pós-colheita de arroz no Gana no que diz respeito ao que, onde e por que razão as perdas ocorrem no sistema de produção.

Para uma redução efectiva das perdas, é importante estimar as perdas e as fases em que ocorrem no sistema de produção. A colheita é uma operação sazonal de mão de obra intensiva que consome cerca de 18-20 % da mão de obra necessária para o cultivo de cereais (Appiah *et al.*, 2011). O método tradicional de colheita com foice é intensivo em mão de obra e consome muito tempo, sendo que ambos (mão de obra e tempo) são escassos durante o pico da época de colheita (Appiah *et al.*, 2011). Como passo para a mecanização da operação de colheita de cereais, as alternativas disponíveis para consideração são: ceifeiras-debulhadoras automotrizes, ceifeiras-debulhadoras montadas em tractores, ceifeiras-debulhadoras montadas na frente do trator, ceifeiras-debulhadoras montadas em motocultivadores, ceifeiras-debulhadoras automotrizes e ceifeiras-debulhadoras.

As ceifeiras-debulhadoras efectuam a colheita através da operação de corte, debulha e limpeza do arroz. No entanto, no caso das ceifeiras-debulhadoras, as máquinas fazem apenas o corte da cultura e a debulha teria de ser efectuada separadamente.

Pode-se optar por métodos de debulha manuais ou mecanizados. No Gana, o arroz em casca é debulhado manualmente com a utilização de paus para separar o grão da palha. Segue-se a peneiração manual. O rendimento dos métodos manuais varia entre 0,01 kg e 30 kg de grãos por homem-hora, consoante a variedade de arroz e o método aplicado, e as perdas de grãos ascendem a 1-3%, ou até 5% quando a debulha é efectuada demasiado tarde (Appiah *et al.*, *2011*).

As elevadas perdas registadas com os métodos tradicionais de debulha, a escassez de mão de obra, a redução do tempo de rotação e a utilização de variedades de elevado rendimento forçaram os agricultores a mudar para a debulha mecanizada dos cereais.

Uma das debulhadoras mecanizadas mais utilizadas no Gana é a debulhadora de arroz Yanmar DB 1000. Esta debulhadora utiliza um sistema de debulha de fluxo axial do tipo "throw-in" combinado com um sistema de limpeza por ventoinha. A ventoinha da debulhadora é feita de aço e tem a mesma largura que o tambor de debulha. O tambor de debulha é fabricado em chapa de aço totalmente prensada de alta qualidade.

O comprimento do tambor debulhador é de 1000 mm, o diâmetro do tambor é de 500 mm e a velocidade de rotação do tambor varia entre 550 rpm (14,4 ms^{-1}) e 650 rpm (17,02 ms^{-1}). A velocidade de rotação do tambor recomendada para as debulhadoras de fluxo axial é de 15 ms^{-1}. A capacidade recomendada para a Yanmar DB 1000 é de 1000 kg/h. Isto significa que pode produzir até 1000 kg de grãos por hora. As cavilhas de debulha são fixadas ao tambor por um sistema de porcas. Assim, as cavilhas podem ser facilmente substituídas. A debulhadora é accionada por um motor de 4,101 kW/ 2200 rpm. O motor faz girar o tambor e a ventoinha do ventilador por meio de um sistema de correias e polias.

1.2 DECLARAÇÃO DO PROBLEMA

Os agricultores dos países em desenvolvimento, incluindo o Gana, precisam de tecnologias simples e económicas para melhorar a sua produtividade agrícola. Isto deve-se ao facto de os agricultores terem explorações agrícolas de pequena e média dimensão e capital limitado. A dimensão das explorações agrícolas torna, por conseguinte, inadequadas as tecnologias sofisticadas.

Por conseguinte, os agricultores ganeses acolheram com agrado a introdução de máquinas de debulha, uma vez que são acessíveis. Algumas das máquinas de debulha disponíveis são a debulhadora de arroz Yanmar DB 1000, a ceifeira-debulhadora utilizada como debulhadora estacionária e a debulhadora de arroz Fazlul. A debulhadora Yanmar DB 1000 pode ser adquirida por cerca de mil e oitocentos dólares (1.800,00 USD). Este preço é muito acessível em comparação com uma ceifeira combinada (a mais acessível custa cerca de 19 500 USD) (S. Akomuah, comunicação pessoal, setembro de 2012). O Sr. S. Akomuah é o diretor da Estação de Formação para a Adaptação em Manya Krobo. A Estação de Formação para a Adaptação é responsável pela formação dos agricultores na utilização de máquinas agrícolas. Assim, os agricultores, que não têm dinheiro para comprar ceifeiras-debulhadoras, colhem o arroz manualmente e com o método de striper e debulham-no com máquinas de debulha (maioritariamente Yanmar DB 1000). Embora a debulhadora Yanmar DB 1000 seja acessível e fácil de utilizar, produz perdas que chegam a 8% (Akomuah, comunicação pessoal, setembro de 2012). Os 8% de perdas de grãos são muito superiores a 3% do peso, que é a perda total máxima recomendada para as máquinas de debulha (ASABE, 1997). É necessário estudar a debulhadora de arroz Yanmar DB 1000 para determinar as causas das perdas de grãos e modificar a debulhadora para reduzir as perdas.

1.3 OBJECTIVOS

Os objectivos do estudo são;

- Determinar as causas das perdas de grãos pela debulhadora Yanmar DB 1000.
- Modificar a debulhadora Yanmar DB 1000 para reduzir as perdas totais de grãos para 3%.
- Testar a versão modificada da máquina.

1.4 RESULTADO ESPERADO

Neste estudo, serão determinados os dados relativos às perdas totais de grãos (% em peso) causadas pela debulhadora Yanmar DB 1000. A partir da análise destes dados, serão determinadas as fontes das perdas. A debulhadora de arroz Yanmar DB 1000 será então modificada com base nos resultados da investigação. Espera-se que a versão modificada da máquina reduza a perda total de grãos para menos de 3% do peso, que é a perda total máxima recomendada pela ASABE (1997) para as máquinas de debulha.

Capítulo 2

REVISÃO DA LITERATURA

1.5 TESOUROS

De acordo com Weerasooriya *et al.* (2011), a operação de debulha, que envolve a separação do arroz em casca das panículas, é uma das partes mais importantes das operações pós-colheita. A debulha do arroz em casca é uma tarefa laboriosa e torna-se mais difícil durante o mau tempo e a falta de mão de obra durante as épocas altas (Khushk *et al.*, 2006). A debulha do arroz em casca consome 25% da energia total necessária para o seu cultivo (Kathrivel e Sivakumar, 2003). Com a introdução de novas variedades e a utilização de práticas agronómicas modernas, os problemas de debulha aumentaram no passado recente devido à maior quantidade de cultura que tem de ser manuseada (Weerasooriya, 2011). A debulha com boi e a batida dos feixes de arroz em casca numa plataforma de madeira ou de pedra são os dois métodos ainda praticados nos países em desenvolvimento, embora tenham um baixo rendimento, causem maiores danos aos grãos e impliquem mais trabalho pesado para os trabalhadores (Mohanty *et al*, 2009).

Singh e Joshi (1979) afirmaram que o facto de o sistema manual exigir muita mão de obra levou a um aumento da utilização de sistemas mecânicos para esta operação. O processo mecânico é um processo repetido de batimento e arrastamento da planta (panícula) sobre uma superfície ou através de uma abertura. Lampião, em 1960, estudou a utilização da força centrífuga como meio não impulsivo de obter a debulha integral, a separação e a limpeza num processo. A gestão da eficiência da debulhadora, dos danos nos grãos, das perdas e da capacidade tem sido um grande desafio para os investigadores do passado. Isto deve-se ao facto de as condições de funcionamento, tais como as condições ambientais ou de processamento, os parâmetros da máquina e as características dos grãos determinarem em grande medida o desempenho geral das debulhadoras de cereais. Vários investigadores obtiveram sucesso através do ajustamento adequado destas condições de funcionamento (Osueke, 2011).

Bartsch *et al.* (1979) referiram que as operações de debulha e de transporte durante a colheita consistem em fenómenos dinâmicos que implicam frequentemente grandes trocas de energia durante a colisão de sementes com componentes de máquinas e outras sementes. Paulsen (1978) afirmou que a causa comum de danos em todos os estudos de manuseamento de grãos é a velocidade das partículas imediatamente antes do impacto e a rigidez da superfície contra a qual o impacto ocorre. A porcentagem de rachaduras e material fino aumentou com o aumento da velocidade de impacto e com a diminuição da umidade da semente de 17 para 8% (p.b.). As sementes que apresentaram baixa porcentagem de rachaduras após o impacto também tiveram alta germinação. Nave (1979) relatou que o produtor de sementes deve se preocupar em manter a eficiência da debulha e da separação e, ao mesmo tempo, evitar danos indevidos à semente causados pelo impacto. Os esforços para reduzir os danos na debulha e aumentar a capacidade resultaram no desenvolvimento de equipamento de debulha rotativo. Newberg *et al.* (1980) avaliaram os danos causados à soja por mecanismos de debulha rotativos e convencionais. Foram testadas três ceifeiras-debulhadoras diferentes (uma máquina de rotor único, uma máquina de rotor duplo e uma máquina convencional de cilindro com barra de raspagem) em condições de campo, a quatro velocidades periféricas. A percentagem de fendas foi significativamente mais elevada para o cilindro convencional do que para os mecanismos de debulha de um ou dois rotores a velocidades periféricas semelhantes. A percentagem de fendas aumentou com o aumento da velocidade periférica de debulha para os três mecanismos de debulha.

O aumento das separações foi menor com os mecanismos de debulha rotativa do que com a debulha cilíndrica convencional. As perdas de separação com as ceifeiras-debulhadoras rotativas foram significativamente mais elevadas na velocidade mais lenta do rotor. Dauda (2001) avaliou uma debulhadora de feijão-frade operada manualmente para pequenos agricultores no norte da Nigéria e concluiu que a eficiência da debulha era de 84,1 a 85,9% e que os danos nas sementes eram de 1,8 a 2,3%. Vejasit e Salokhe (1991) compararam o desempenho da barra de raspagem e dos tambores de debulha com dentes de pino de uma debulhadora de fluxo axial para a cultura da soja. Os resultados indicaram que a quantidade de grãos retidos na unidade de debulha para ambos os cilindros em todas as velocidades do cilindro e taxas de alimentação não eram significativamente diferentes. Mesquita e Hanna (1995) referiram que a força necessária para abrir uma vagem de soja era notavelmente menor do que a força necessária para arrancar as plantas e para separar as vagens do caule. Além disso, referiram que a energia estimada por hectare necessária para o acionamento da turbina era ligeiramente inferior à energia estimada por hectare necessária para o mecanismo de debulha das ceifeiras-debulhadoras convencionais.

Algumas das debulhadoras de arroz acima mencionadas são utilizadas no Gana, mas nenhuma é tão popular como a debulhadora Yanmar DB 1000 (Akomuah, comunicação pessoal, setembro, 2012). A popularidade deve-se ao facto de a máquina ser acessível.

1.6 PERDAS DE GRÃOS DE ARROZ

As perdas de grãos podem ocorrer ao longo das fases de produção das culturas cerealíferas: colheita, transformação, armazenamento e transporte. De acordo com Earthrend (2001), as actividades de colheita podem causar perdas de grãos por estilhaçamento, contaminação, colheita não colhida, derrame de grãos, culturas alojadas e danos nos grãos. Processos como a debulha, a secagem, o descasque, a moagem e a trituração a que os cereais são normalmente sujeitos podem também causar perdas de grãos. As perdas de grãos neste caso são geralmente sob a forma de deterioração da qualidade e de perdas físicas. A deterioração da qualidade do arroz pode assumir a forma de elevada quebra do grão, moagem incompleta, amarelecimento ou descoloração, impurezas ou odores ou sabores indesejáveis. As perdas físicas manifestam-se geralmente sob a forma de derrames, grãos dispersos, grãos não debulhados, grãos danificados, grãos quebrados, perdas de culturas alojadas, grãos de culturas não colhidas e grãos retidos em máquinas. O transporte também pode provocar perdas de grãos devido a derrames, danos e contaminação. As perdas que ocorrem durante a colheita, o armazenamento e o transporte são designadas por perdas pós-colheita. As perdas de grãos de arroz ocorrem sobretudo na fase pós-colheita.

De acordo com Harris e Lindblad (1978), as perdas pós-colheita compreendem todas as alterações na capacidade, salubridade ou qualidade dos alimentos que os impedem de serem consumidos pelas pessoas.

Qualquer que seja a fonte, as perdas pós-colheita representam mais do que apenas uma perda de alimentos, uma vez que se propagam através dos factores (incluindo terra, água, mão de obra, sementes, tempo e fertilizantes). Os resíduos indicam que a perda de alimentos pós-colheita se traduz não só em fome humana e na minimização do rendimento dos agricultores, mas também numa enorme degradação ambiental (Earthtrend, 2001).

O aumento constante da população e o correspondente aumento da procura de alimentos conduziram a um aumento das importações de arroz na África Subsariana. Entre 1989 e 1996, o Gana foi reportado como sendo apenas 15,1% autossuficiente na produção de arroz, depois de ter descido de 48,3% entre 1970 e 1974 (Oteng e SantAnna, 1999). De acordo com a WARDA (2007), o Gana era inferior a 25% de autossuficiência na produção de arroz no ano de 2007. Isto significa que o Gana continua a necessitar de enormes importações para aumentar o aumento da procura local.

As perdas quantitativas pós-colheita de arroz na África Subsariana foram estimadas entre 10 e 22%, enquanto as perdas qualitativas podem atingir os 50% (Manful e Fofona, 2010). A redução das perdas pós-colheita poderia ajudar a reduzir as importações de arroz com as perdas económicas que as acompanham. No entanto, não existem dados suficientes sobre as perdas pós-colheita de arroz no Gana no que diz respeito ao que, onde e por que razão ocorrem perdas no sistema de produção. Para uma redução efectiva das perdas, é importante estimar as perdas e a forma como ocorrem. Por conseguinte, devem ser realizados mais estudos para avaliar as perdas pós-colheita que ocorrem na produção de arroz no Gana, desde a colheita até à moagem, com o objetivo de fornecer informações para reduzir as perdas pós-colheita e, em última análise, aumentar o abastecimento de arroz sem aumentar as áreas cultivadas ou as importações.

1.7 AVALIAÇÃO DAS DEBULHADORAS DE ARROZ

Foram efectuadas várias avaliações de debulhadoras de arroz para determinar as causas das perdas de grãos. A conceção e os parâmetros tecnológicos do aparelho de debulha influenciam as perdas de grãos. Estes factores dispersam e danificam o grão enquanto o separam da palha (Špokas *et al.*, 2008). As barras ou cavilhas do tambor são responsáveis pelos maiores danos no grão debulhado (Kalikadze *et a.,l* 1974). Testes efectuados por Roj e Liottkovski (1984) mostraram que, quando a velocidade das barras de raspagem do tambor foi aumentada de 28,3 ms^{-1} para 35,2 ms^{-1} , os danos no grão aumentaram 2,1%. A velocidade das barras de raspagem está relacionada com a deformação do grão e com o fluxo da colheita através da superfície côncava. O fluxo da colheita no início do côncavo é 1,1 ms^{-1} mais lento do que no seu final. Assim, quando um maior número de grãos é debulhado das espigas, eles são separados através do côncavo mais rapidamente e há, portanto, menos danos. Feiffer *et al.* (2005) realizaram uma pesquisa para estimar o impacto do projeto da colheitadeira sobre os índices qualitativos da operação. A investigação concluiu que os parâmetros tecnológicos do aparelho de debulha tiveram o maior impacto nos danos nos grãos. Os parâmetros tecnológicos devem ser revistos e corrigidos todos os dias após uma estimativa da situação da colheita, dos índices biométricos da cultura e das características das espécies.

Depois de efectuarem ensaios laboratoriais com trigo (*Triticum aestivun* L) utilizando um mecanismo de debulha convencional equipado com barras de raspagem, De Simone *et al.* (2000) concluíram que a eficiência da debulha tinha uma correlação positiva com a velocidade do tambor. Newberg *et al.* (1980) efectuaram outro estudo com sementes de soja (*Glycine max* L) utilizando três ceifeiras diferentes: duas delas equipadas com um sistema de fluxo axial e uma com um sistema convencional de barras de raspagem. Os autores referiram que a diminuição da velocidade do tambor nas três máquinas correspondia a um aumento da perda por debulha. Singh (1981) trabalhou com sementes de soja (*Glycine max* L) e um sistema de debulha convencional com barra de raspagem e verificou que a velocidade do cilindro e o teor de humidade das vagens afectavam a eficiência da debulha. De Simone *et al* (2000) estudaram o processo de debulha do feijão (*Phaseolus vulgaris* L) com um tipo comercial branco longo e concluíram que a eficiência da debulha e os danos mecânicos dependiam do teor de humidade dos grãos, da velocidade periférica do cilindro de debulha e da sua interação. Hall e Husman (1981) observaram que a palha do material colhido, quando forçada a passar entre o cilindro e o côncavo, forma um tapete e causa mais danos aos grãos. Cooper (1972) trabalhou com o objetivo de estudar a capacidade de separação do côncavo de um dispositivo de debulha convencional. A conclusão foi que a percentagem de separação através do côncavo seguia uma função exponencial decrescente da taxa de alimentação, a eficiência de separação torna-se excelente com índices baixos e deteriora-se facilmente à medida que aumenta. Long *et al.* (1967) concluíram que o tempo de separação pode ser pré-estabelecido com um modelo de força resistiva composto por dois elementos: um deles é proporcional à aceleração centrífuga e o outro à velocidade relativa entre o grão e a palha. Reed *et a.l* (1974) estudaram alguns dos factores que afectam a capacidade de separação dos sacudidores de palha em debulhadoras convencionais. A conclusão foi que a separação do grão e da palha de trigo sobre os sacudidores de palha corresponde a uma função exponencial decrescente do seu comprimento. Os factores mais importantes que afectam a eficiência da separação são: a taxa de alimentação, a relação palha/grão e as propriedades físicas do material.

Davoodi *et al.* (2010) efectuaram um estudo para avaliar a adequação de uma ceifeira-debulhadora e determinar as perdas de trigo causadas pela ceifeira-debulhadora. No que diz respeito ao efeito de interação da velocidade de avanço e da velocidade do enrolador nas perdas de cabeça, a melhor combinação para perdas mínimas de cabeça foi de 3 kmh^{-1} e 25 RPM para a velocidade de avanço e a velocidade do enrolador, respetivamente. A avaliação das perdas sob a forma de cabeças semi-desbastadas revelou que a perda mínima ocorreu com uma folga côncava e uma velocidade do cilindro de 7 mm e 850 RPM, respetivamente. No entanto, do ponto de vista das perdas da unidade de limpeza e da quebra de sementes, as velocidades adequadas do cilindro foram 850 e 750 RPM.

Shiv (2008) investigou o efeito dos cilindros de debulha nos danos e na viabilidade das sementes de feijão-mungo (*Vigna radiate.* (L.) Wilezee). Os danos mínimos nas sementes (1,1 %) e a germinação máxima (89 %) foram registados com a utilização de um cilindro debulhador com barra de raspagem, o que resultou numa menor eficiência de debulha (91,5 %) a uma velocidade mais baixa do cilindro (400 rpm) e com uma folga côncava mais elevada (15 mm). Com o cilindro debulhador de dentes de espiga, verificou-se um mínimo de danos nas sementes (3,6 %), uma germinação máxima (87 %) e uma condutividade eléctrica mínima (1,06 ms) a uma velocidade mais baixa do cilindro (400 rpm) e com uma folga côncava mais elevada (15 mm). No cilindro do moinho de martelos, observaram-se danos mínimos nas sementes (3,8 %), germinação máxima (86 %) e condutividade eléctrica mínima (1,02 ms) com uma velocidade mais baixa do cilindro (400 rpm) e uma folga côncava mais elevada (15 mm).

Erkut *et al.* (2013) demonstraram que a eficiência de debulha variava significativamente com a variedade de grão-de-bico, enquanto o consumo específico de energia e a necessidade de potência eram ligeiramente afectados pela combinação batedor-batedor e pela variedade de grão-de-bico. A eficiência de debulha mais elevada e o consumo específico de energia adequado foram alcançados com as combinações batedor de dentes de pino - contra-batedor de crómio, batedor de dentes de espiga - contra-batedor de PVC e batedor de dentes de lâmina - contra-batedor de PVC, com valores de 67,06 %, 0,71 kWh/t, 89,11 %, 0,60 kWh/t, 95,29 % e 0,68 kWh/t para as variedades Küsmen, Köylü e Akçin, respetivamente.

Rani *et al.* (2001) estudaram o efeito do teor de humidade e da velocidade do cilindro na debulha do grão-de-bico. Os autores referiram que a eficiência máxima de debulha foi de 97,2% com um teor de humidade das sementes de 8,9% e uma velocidade do cilindro de 10,1 m/s. Wacker (2003) estudou o efeito de diversas variedades de trigo no desempenho da debulha. Os resultados mostraram que o teor de humidade, a velocidade do cilindro e a folga do côncavo (espaço entre o côncavo e o cilindro) tinham todos um efeito na debulha do trigo. Ajav e Adejumo (2005) avaliaram os efeitos do teor de humidade, da folga do côncavo, da velocidade do cilindro e da taxa de alimentação no desempenho da debulha e nas sementes de quiabo danificadas. Referiram que o teor de humidade teve um efeito significativo no desempenho da debulha e na germinação das sementes. O efeito da velocidade do cilindro foi significativo apenas no desempenho da debulha. Khazaee (2003) referiu que a velocidade do cilindro e o teor de humidade tiveram um efeito significativo na eficiência da debulha do grão-de-bico e na percentagem de grãos danificados, mas a variedade de ervilha não teve um efeito significativo na eficiência da debulha e na percentagem de grãos danificados.

1.8 MODIFICAÇÃO

Ao longo dos anos, foram efectuadas várias modificações nas máquinas agrícolas para melhorar o seu desempenho e eficiência (El Din *et al.*, 2007).

Mohamed *et al.* (2007) modificaram o sistema de transmissão de potência de uma ceifeira-debulhadora estacionária. Esta modificação foi considerada muito eficaz e útil para aumentar a eficiência do trabalho e reduzir o tempo e o custo da operação de debulha.

Após a modificação, o tempo necessário para ligar a máquina ao trator e a capacidade de campo efectiva foram medidos para todas as parcelas. O tempo necessário para ligar a máquina modificada ao trator em todas as parcelas foi menor do que o da debulhadora não modificada. As capacidades de campo efectivas para a máquina modificada e não modificada foram de 1,43 alimentações/hora e 0,93 alimentações/hora, respetivamente. Isto deveu-se principalmente ao tempo gasto e à eficiência na ligação e preparação da debulhadora.

El Din *et al.* (2007) conceberam unidades de tapete de alimentação, um ciclone coletor de vinhas e carrinhos de mão para partículas de solo feitos a partir de materiais disponíveis localmente. Estas modificações foram efectuadas na debulhadora de cereais para que pudesse ser utilizada na debulha de amendoins. A utilização de um tapete de alimentação melhorou a capacidade da debulhadora modificada de 41 para 64% em comparação com a debulhadora comercial de amendoim. Para além disso, a debulhadora modificada melhorada reduziu significativamente as horas-homem/ha necessárias em comparação com a debulhadora de cereais não modificada e a debulha manual. Também resultou num consumo de combustível significativamente menor em comparação com a debulhadora de grãos não modificada com alimentação direta.

A debulha manual resultou numa eficiência de limpeza significativamente mais baixa da produção recolhida, mas não se verificou qualquer diferença significativa com a utilização da debulhadora modificada melhorada e da o comercial. O método ciclónico de ensacamento das vinhas resultou numa redução significativa do número necessário de sacos/ha em comparação com o método de ensacamento manual, para além da poupança de tempo de enchimento manual.

Omran *et al.* (2005) modificaram e avaliaram o desempenho de uma debulhadora para várias culturas. Foi modificada uma debulhadora estacionária para várias culturas e foi construído um protótipo de máquina simples para simular uma debulhadora estacionária comercial para colher sorgo, amendoim e trigo. As modificações da máquina foram feitas de forma simples e incluíram um cilindro de debulha, um côncavo, um agitador, roldanas e um conjunto de cavilhas e peneiras. Com o objetivo de melhorar a eficiência da colheita de vagens de diferentes tamanhos, a folga entre o cilindro e o côncavo foi ajustada em dois pontos.

O modelo de debulhadora foi testado para a variedade de amendoim (MP3) em três níveis de folga côncava (30, 25, 15 mm), dois níveis de humidade da colheita (seca, húmida) e duas velocidades (87, 98 rpm), utilizando três repetições num desenho aleatório completo. Os resultados obtidos mostraram uma elevada eficiência de debulha com folgas (25-30 mm) em condições de humidade seca a uma velocidade de 87 rpm.

Singh *et al.* (2008) avaliaram e modificaram a conceção de uma ceifeira-debulhadora autopropulsada de transporte vertical. Foi fabricada uma terceira correia ajustável para a ceifeira para melhorar a eficácia do transporte de culturas forrageiras altas (1,0 a 1,7 m). A forma do separador de culturas não cortadas, das rodas em estrela e dos separadores de culturas em linha (placas de cobertura) foi modificada. A ceifeira modificada foi testada em culturas como o jowar, a bajara, o milho, o girassol e o trigo.

A máquina modificada funcionou muito bem na colheita de culturas forrageiras como bajara e jowar com cerca de 1,2 a 1,7 m de altura. Relativamente à qualidade do enrolamento, observou-se que para a forragem

mais de 80 % da colheita cortada foi depositada de forma satisfatória. Assim, a máquina melhorada pode ser utilizada de forma conveniente e eficaz para a colheita de forragens e cereais.

Azouma *et al.* (2009) conceberam, testaram e modificaram uma debulhadora de arroz do tipo "throw-in" para pequenos agricultores. A fim de mecanizar a debulha, foi concebida e testada uma debulhadora do tipo "throw-in" JEP baseada num protótipo de uma debulhadora fabricada pelo IRRI (Instituto Internacional de Investigação do Arroz). A placa de vento foi modificada após os testes para melhorar a qualidade da debulha. A capacidade de produção do teste de desempenho da máquina foi de 316 kg/hora com um teor de humidade de 21%wb (base húmida) para a variedade de arroz IR28. Verificou-se que a máquina poderia atingir uma capacidade de 350400 kg/hora quando a velocidade da máquina e a velocidade de alimentação aumentassem. Os resultados globais foram impressionantes e ajudaram a eliminar o trabalho pesado e os desafios de debulha que os pequenos agricultores enfrentam.

1.9 AVALIAÇÃO DO DESEMPENHO DA DEBULHADORA

Foram realizados vários trabalhos de investigação para avaliar o desempenho das debulhadoras de arroz. Weerasooriya *et al.* (2011) avaliaram o desempenho de uma debulhadora combinada de arroz em casca accionada por um trator de quatro rodas. As debulhadoras combinadas de arroz em casca apresentaram 1,8% de grãos danificados, 0,2% de grãos rebentados, 1,6% de perdas de grãos, 96,7% de recuperação da debulha, 98,8% de eficiência de debulha, 90,7% de eficiência de limpeza e 1178 kg/h de capacidade de produção corrigida. O desempenho, a economia e a emissão de palha e poeira variam consoante a marca da máquina, o tipo de grão e as condições operacionais. A humidade do grão é o fator que mais influencia o desempenho da debulhadora.

Vejasit *et al*, (2004) efectuaram estudos sobre os parâmetros máquina-colheita de uma debulhadora de fluxo axial para debulhar soja. Concluíram que:

a) O teor de humidade, a taxa de alimentação e a velocidade do tambor de debulha afectaram a capacidade de produção, a eficiência da debulha, os danos e as perdas de grãos durante a debulha da soja.
b) A capacidade do tambor de debulha aberto com dentes de pino situou-se entre 144 e 214 kg/h a todas as velocidades do tambor e taxas de alimentação. A eficiência da debulha situou-se entre 98,00 e 100% para todos os teores de humidade, taxas de alimentação e velocidades do tambor de 500 a 700 rpm. Os danos nos grãos foram inferiores a 1%.
c) A capacidade de produção, a eficiência de debulha, os danos nos grãos e a perda de grãos a 700 rpm (15,4 m/s) de velocidade do tambor e 720 kg (planta)/h de taxa de alimentação foram 214,17 kg/h, 99,49%, 0,22% e 0,80%, respetivamente. Estes valores estão dentro dos limites aceitáveis.
d) A potência média necessária foi de 1,85 kW a uma taxa de alimentação de 720 kg (planta)/h, 14,34% (w.b.) de humidade do grão e velocidade do tambor de 700 rpm (15,4 m/s).

Recomendaram também que:

a. Recomendaram que o tambor de dentes de pino com velocidade de 600 a 700 rpm (13,2 a 15,4 m/s) e taxa de alimentação de 540 a 720 kg (planta)/h fosse utilizado para desenvolver uma unidade de debulha para um protótipo de ceifeira-debulhadora de soja.
b. Recomendaram que, para a conceção de uma ceifeira-debulhadora de soja, a velocidade do tambor deveria ser de 13,2 a 15,4 m/s e o teor de humidade dos grãos deveria ser de 13 a 15% para uma colheita eficiente por uma ceifeira-debulhadora de soja.

Alizadeh *et al* (2010) estudaram o efeito da velocidade do tambor de debulha e do teor de humidade da cultura nos danos causados aos grãos de arroz em casca numa debulhadora de fluxo axial e concluíram que;

O teor de humidade do arroz em casca e a velocidade do tambor afectaram significativamente os danos nos grãos durante a debulha do arroz em casca pela debulhadora de fluxo axial testada. Os grãos mais danificados foram obtidos com uma velocidade do tambor de 850 rpm e um teor de humidade de 17,0%. A fim de minimizar o efeito do teor de humidade nos grãos danificados na debulhadora de fluxo axial, recomendaram que a operação de debulha fosse realizada imediatamente após a colheita e que fosse realizada investigação futura para investigar os efeitos de outros parâmetros máquina-cultura, tais como taxas de alimentação, abertura côncava e variedade de arroz em casca, no desempenho da debulhadora de fluxo axial.

Askari *et al.* (2008) investigaram os factores que afectam a perda na debulha, a percentagem de grãos danificados e a relação entre o material e o grão numa unidade de debulha com alimentação automática e concluíram que

• Os efeitos da condição do teor de humidade da cultura, da variedade e da velocidade do tambor foram significativos na perda por debulha
• Em geral, a média das perdas por debulha na variedade Hashemi foi superior à da variedade

Khazar

- Em geral, a média das perdas por debulha em condições de colheita seca foi mais elevada do que em condições de colheita húmida
- A velocidade óptima do tambor foi de 650 rpm, porque a perda por debulha e a percentagem de grãos danificados foram iguais a zero a este nível de velocidade do tambor
- Os efeitos principais das condições de teor de humidade da cultura, variedade (a um nível de probabilidade de 5%), velocidade do tambor (a um nível de probabilidade de 1%) e interacções duplas (a um nível de probabilidade de 1%) foram significativos na percentagem de grãos danificados
- A percentagem de grãos danificados no estado de humidade húmida da cultura foi menor do que no estado de humidade seca da cultura.
- Os efeitos principais das condições de teor de humidade da cultura (a um nível de probabilidade de 5%), variedade e velocidade do tambor e suas interacções (a um nível de probabilidade de 5%), velocidade do tambor e interacções (a um nível de probabilidade de 1%) foram significativos no rácio MOG
- Em geral, a relação MOG/grão nos ensaios com cultura seca foi superior à da cultura húmida
- O aumento da velocidade do tambor aumentou significativamente a relação MOG/grão

Capítulo 3

MATERIAIS E MÉTODOS

3.1 MATERIAIS

Para facilitar a recolha de dados e a análise, foram utilizados neste estudo os seguintes termos e acrónimos;

- A velocidade periférica / circunferencial do tambor (V) é a distância por segundo a que um objeto circular roda ou se desloca em relação ao perímetro de um círculo.
- A velocidade do tambor (Dv) é o termo utilizado para representar a velocidade periférica ou circunferencial do tambor medida em m/s. A velocidade do tambor está dividida em três níveis; $Dv1=14,4$ ms^{-1}, $Dv2=15,7$ ms^{-1} e $Dv3=17,02$ ms^{-1} para este estudo
- A taxa de alimentação (F) é a quantidade de material (arroz paddy) que é introduzido na máquina num segundo (kgs^{-1}). A taxa de alimentação também está dividida em três níveis; $F1=0,3$ kgs^{-1}, $F2=0,5$ kgs^{-1} e $F3=0,7$ kgs^{-1} para este estudo.
- A folga côncava (CC) é a distância entre a ponta das cavilhas no tambor debulhador e a grelha côncava. A folga côncava é dividida em níveis $CC1=15$ mm, $CC2=20$ mm e $CC3=25$ mm para este estudo.
- As perdas de grãos (% peso) são o total de grãos perdidos sob a forma de grãos dispersos, grãos rebentados e não debulhados, em percentagem da soma dos grãos recuperados e do total de grãos perdidos. Este valor é calculado em percentagem do peso.
- Grãos partidos (%) é a percentagem do total de grãos debulhados que são descascados ou apresentam sinais de fratura, calculada em percentagem em peso.

O estudo foi efectuado no Sistema de Irrigação de Tono, Navrongo, Região do Alto Oriente do Gana. O sistema de irrigação de Tono é o maior projeto de irrigação no norte do Gana (Samuel *et al.*, 2012). O projeto foi criado pelo Governo do Gana para promover a produção de culturas alimentares por pequenos agricultores em sistemas de irrigação organizados e geridos. O projeto irriga uma área total de 2450 ha e as culturas cultivadas são o arroz e os legumes. A variedade Jasmine 85 é a principal variedade de arroz utilizada no sistema de irrigação de Tono. Por conseguinte, a variedade de arroz utilizada na investigação foi a Jasmine 85, com um teor de humidade de 13,4 % em base húmida.

Para medições precisas durante o trabalho de campo, foram utilizados nos testes a balança digital, o paquímetro interno, a fita métrica, o computador pessoal, as chaves inglesas, o tacómetro digital e o cronómetro. Foi também utilizado um forno elétrico durante os estudos.

A debulhadora Yanmar DB 1000 foi a máquina de debulhar utilizada neste estudo. A debulhadora Yanmar DB 1000 é apresentada na Figura 1. Tem um tambor debulhador de 500 mm de diâmetro e uma velocidade de rotação (velocidade esférica) que varia entre 550 rpm (14,4 ms^{-1}) e 650 rpm (17,02ms^{-1}). As três velocidades de rotação do tambor; 550 rpm, 600rpm e 650 rpm, que são equivalentes a velocidades periféricas de 14,4 ms^{-1}, 15,7 ms^{-1} e 17,02 ms^{-1} respetivamente, foram os níveis de velocidade do tambor utilizados no ensaio. A debulhadora é accionada por um motor de 3,36 kW (4,5 cv) a 4,10 kW (5,5 cv). A velocidade do tambor da debulhadora foi variada através de uma alavanca incorporada na máquina (Fig. 2).

Figura 1: A debulhadora Yanmar DB 1000

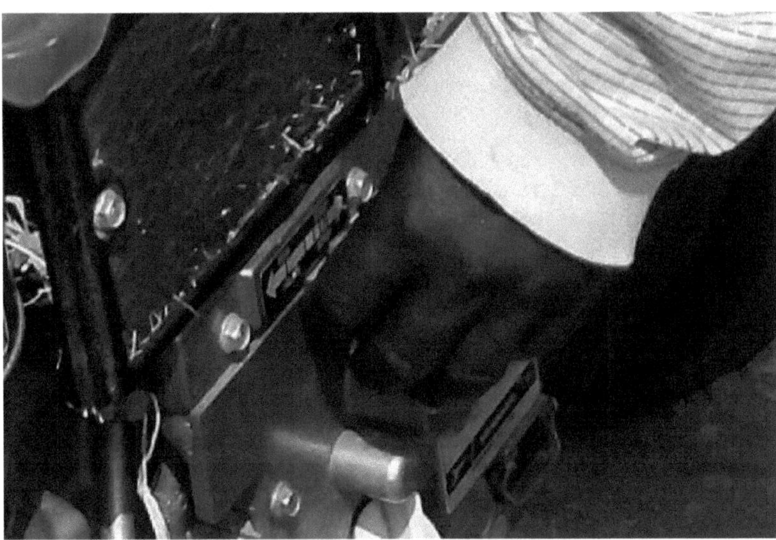

Figura 2: Ajuste da velocidade do tambor

O tacómetro digital foi utilizado para medir a velocidade de rotação para garantir a precisão (Fig.3). A fita métrica e o paquímetro interior foram utilizados para medir e ajustar a folga do côncavo. A folga côncava foi variada com a utilização de uma chave inglesa para ajustar os dentes da cavilha, uma vez que esta é montada por um sistema de parafusos e porcas (Fig. 4). A balança digital com uma precisão de 0,01 foi utilizada para medir o peso do arroz.

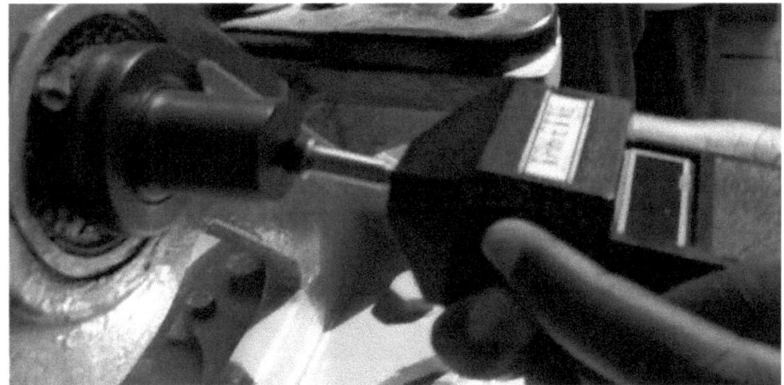

Figura 3: Medição da velocidade do tambor rotativo com o tacómetro.

Figura 4: Ajuste da folga do côncavo

As grelhas côncavas das debulhadoras estão posicionadas de forma a que o espaço livre no início e no fim seja diferente. Esta disposição facilita a debulha e a deslocação do material sem encravar na debulhadora. O início da folga do côncavo da debulhadora Yanmar DB 1000 é de 20 mm e o fim é de 30 mm. As folgas do côncavo utilizadas foram de 15 mm, 20 mm e 25 mm (foi utilizada a folga inicial). Os pesos dos molhos de arroz em cada nível de alimentação e os pesos do arroz debulhado foram medidos com uma balança digital. A taxa de alimentação foi variada, colocando quantidades medidas (kg) do material (arroz) num feixe e, em seguida, alimentando uniformemente a unidade de debulha da máquina. Foram utilizadas taxas de alimentação de 0,3 kg^{-1} , 0,5 kg^{-1} e 0,7 kg^{-1} . O tempo de alimentação foi cronometrado com um cronómetro.

3.2 MÉTODOS
A partir da revisão da literatura, foram adoptados os seguintes métodos para a determinação das perdas totais de grãos causadas pela debulhadora Yanmar DB 1000. Estes métodos foram utilizados por investigadores de todo o mundo em estudos semelhantes.

3.2.1 VELOCIDADE DA BATERIA
Investigações semelhantes efectuadas sobre a determinação das perdas de grãos das debulhadoras axiais (Askari *et a.l*, 2008; Vejasit *et al.*, 2004 e Siebenmorgen *et al.*, 1994) indicaram que a velocidade periférica ou circunferencial do tambor está relacionada com a perda de grãos e os danos. A velocidade de rotação do tambor (rpm) é diretamente proporcional à velocidade periférica, mas não é a mesma. Tambores de diferentes diâmetros, rodando às mesmas velocidades de rotação (rpm), batem os grãos de arroz a diferentes velocidades periféricas. Por conseguinte, para se ter uma noção real da rapidez com que as cavilhas de uma debulhadora batem o arroz, a velocidade de rotação deve ser convertida em velocidade periférica (ms^{-1}). Para converter a velocidade de rotação do tambor (rpm) em velocidade periférica do tambor (ms^{-1}), é utilizada a fórmula abaixo;

$$V = \frac{\pi D}{60} \times n \quad \text{...} \quad (1),$$

Em que, V· velocidade do tambor (ms^{-1}),
n \qquad velocidade do tambor (rpm) e
D· \qquad diâmetro do tambor (mm).

3.2.2 DETERMINAÇÃO DO TEOR DE HUMIDADE DA CULTURA
Foram levadas para o laboratório três amostras de arroz de ensaio. Os teores de humidade das três amostras foram determinados conforme descrito abaixo. Os pesos das amostras húmidas foram medidos e a média foi registada como o peso da colheita húmida. As amostras foram então colocadas num forno elétrico a 105° C durante 24 horas e os pesos das amostras foram medidos após a secagem e o teor de humidade foi calculado em base húmida utilizando o formulário;

$$\text{Teor de humidade} = \frac{M_w - M_d}{M_w} \times 100 \quad \text{...} \quad (2)$$

em que M_w - peso da cultura húmida
M_d - \qquad peso da cultura seca.

A média dos teores de humidade das três amostras foi determinada e utilizada como teor de humidade da cultura.

3.2.3 OS TESTES
Os testes deste estudo foram efectuados começando por definir ou ajustar a folga do côncavo com uma chave inglesa. A quantidade de arroz paddy (kg) a introduzir na máquina foi medida com uma balança digital. A massa definida depende da taxa de alimentação pretendida (kgs^{-1}).

A máquina é então posta em funcionamento e a velocidade do tambor é regulada com a alavanca. O arroz em casca pesado foi introduzido na máquina de forma uniforme num minuto. Antes dos testes propriamente ditos, foram efectuados pré-testes para familiarização e eliminação de erros técnicos. A fase de pré-teste foi realizada como descrito no procedimento de teste acima, mas os resultados não foram registados.

3.2.4 DETERMINAÇÃO DAS PERDAS EM PERCENTAGEM DE PESO (%)

Após a debulha em cada ensaio, os grãos recebidos pela saída da debulhadora foram pesados e registados como grãos recuperados (Fig.5). Os grãos dispersos pela máquina foram recolhidos e os grãos não debulhados foram retirados manualmente (Fig. 6).

Figura 5: Medição das perdas de grãos com uma balança digital

Os grãos foram depois pesados e registados como grãos perdidos. As perdas de grãos (perda não debulhada, perda soprada e perda dispersa) foram calculadas pelo formulário;

Figura 6: Determinação da perda de grãos por dispersão

3.2.5 DETERMINAÇÃO DOS GRÃOS PARTIDOS (%)
Em cada ensaio, foram colhidas três amostras do escoamento e, em seguida, verificou-se manualmente a existência de grãos partidos. Os grãos partidos incluem os grãos descascados e os grãos que apresentam sinais de fissuras. Para detetar as fissuras, os grãos foram descascados ou descascados com as mãos e examinados de perto. Estes grãos foram contados e a percentagem correspondente de grãos partidos foi calculada utilizando:

$$\overset{m}{Perda}\ (\%\ peso) = \frac{peso\ dos\ grãos\ perdidos}{peso\ dos\ grãos\ recuperados + peso\ dos\ grãos\ perdidos} * 100 \quad\ldots\ldots\ldots (3)$$

$$Grãos\ partidos\ (\%) = \frac{número\ de\ grãos\ danificados}{número\ total\ de\ gramas\ da\ amostra} \times 100 \quad\ldots\ldots\ldots (4)$$

A média dos três valores calculados foi considerada como a percentagem de grãos partidos.

3.2.6 MÉTODO DE MODIFICAÇÃO
Após a investigação, os resultados obtidos, como se verá mais adiante, exigiram a modificação da debulhadora Yanmar DB 1000. Com base nos factores considerados neste estudo, foram feitas as seguintes modificações:

Os dados obtidos na investigação e a sua análise estabeleceram que a velocidade deve ser aumentada para 20 m/s, a taxa de alimentação deve ser fixada em 0,5 kg/s e a folga do côncavo deve ser fixada em 20 mm, a fim de reduzir a soma total das perdas de grãos e dos danos para menos de três por cento (3%). No entanto, a velocidade máxima do tambor periférico que pode ser atingida na debulhadora não modificada é de 17,02 m/s.

Para atingir uma velocidade periférica do tambor de 20 m/s, o diâmetro do tambor pode ser aumentado ou o sistema de acionamento da polia e da correia pode ser modificado. A modificação do diâmetro do tambor exige a reconcepção de outras partes da máquina, tais como o côncavo, a tampa do tambor e pode aumentar o tamanho da máquina. No entanto, a modificação do sistema de polias e correias não implica a reconcepção de qualquer outra peça e atinge o objetivo deste estudo. Por conseguinte, para este estudo, a modificação do sistema de acionamento por polia e correia é mais conveniente. O sistema de polias e correias da debulhadora é apresentado na Figura 7. A polia 2 é a polia não modificada e a polia 3 é a polia recentemente concebida.

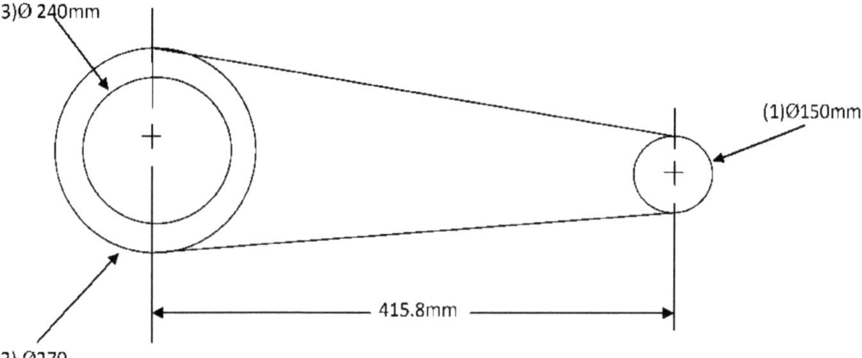

Figura 7: Polia 1, 2 e 3

3.2.6.1 BASE TEÓRICA DA MODIFICAÇÃO

3.2.6.2 CONCEPÇÃO DA NOVA POLIA

Em condições normais de trabalho, o rácio da velocidade da debulhadora (rpm) pode ser calculado do seguinte modo

$$\text{Rácio de velocidade} \quad (VR) = \frac{N_1}{N_2} = \frac{D_2}{D_1} \quad \dots \dots (5)$$

$$D_2 = VR.\,D_1 \quad \dots \dots (6)$$

onde, N_1 - *velocidade do tambor da polia mais pequena,*

N_2 - *velocidade do tambor da polia maior,*

D_1 - *diâmetro do passo da polia mais pequena (0,15 m),*

D_2 - *o diâmetro do passo da polia maior (0,28 m),*

S - *fator de deslizamento = 0,01 a 0,03*

$$VR = \frac{D_2}{D_1} = \frac{0.28}{0.15} = 1.867$$

$$N_1 = VR \times N_2 = 1.87 \times 650\,RPM = 1216\,RPM$$

Por conseguinte, a velocidade do mecanismo de debulha é calculada do seguinte modo

Mas de acordo com Sharma *et al.,* 2003, se não houver deslizamento,

$$V_1 = V_2 = V \quad \dots \dots (7)$$

$$V_1 = \frac{\pi N_1 D_1}{60} = 9.55 \; ms^{-1} \quad V_2 = \frac{\pi N_1 D_1}{60}$$

$$V_3 = \frac{\pi N_1 D_1}{60}$$

$$D_3 = 60 \times V / (\pi \times N_4),$$

$$N_3 = \frac{60 \times V_3}{\pi D},$$

N_3= 764 rpm

$$D_3 = \frac{60 \times 9.55}{\pi \times 764} = 0.238 \; m$$

em que D - o diâmetro do tambor debulhador.

D_3 - o diâmetro da polia de conceção recente

V_3-a velocidade circunferencial do batedor.

V_2-a velocidade circunferencial da polia maior,

V_1-a velocidade circunferencial da polia mais pequena,

3.2.6.3 SELECÇÃO DA CORREIA

A distância de centro a centro entre a polia (1) e a polia (3) foi de 415,8 mm, o que está de acordo com a equação normal de projeto da polia e da correia (Shigley e Mitchell, 1983).

$$C > 3 \; (D_1 + D_4) \dotfill (8)$$

Onde, C = distância centro a centro, D_4 = diâmetro da polia grande e D_1 = diâmetro da polia pequena.

Por conseguinte, a partir do quadro 1, foi selecionada uma correia em V de secção B. De acordo com as polias seleccionadas, as rotações máximas na unidade de debulha podem ser obtidas da seguinte forma

15,7/5,5 x 540 = 1570 rpm

O comprimento do passo do tapete foi igualmente calculado da seguinte forma (Shigley e Mitchell, 1983),

$$Lp = 2C + 1.57(D + d) + \frac{(D-d)^2}{4C} \dotfill (9)$$

C - centro para a distância,

D -diâmetro do passo da polia grande, d -diâmetro do passo da polia pequena e Lp - comprimento do passo da correia.

$$Lp = 2 \times 41 + 1.57\,(15 + 24) + \frac{(15-24)^2}{4 \times 41} = 1449 \text{ mm}$$

Tabela 1: Comprimento do passo das correias (IS 24494; 1974)
Tipo de correia Comprimento do passo da correia, mm

B932   , 1008, 1059,1110, 1212, 1262, 1339, 1415, 1440, 1466, 1567, 1694,

1770,1821,1948,2024,2101,2202,2329,2507, 2583,2710,288 8,

3091,3294,3701,4056,4158, 4437,4615, 4996,5377.

Tabela 2: Secção da correia trapezoidal de conversão para serviço pesado

Designação da correia	Gama de potências por correia (kw)	Tamanho típico da polia standard (mm)
série A	0,149 a 3,728	66 para cima em incrementos de 5,08
série B	0,597 a 7,457	1416,84 com um aumento de 5,08
série C	0,746 a 15,659	1177,8 com um aumento de 12,7 incrementos

Estas são conversões (incrementos) para correias utilizadas em máquinas pesadas. As conversões baseiam-se na potência transmitida pelas correias.

Considerando as conversões do quadro 2 e os comprimentos-padrão das correias do quadro 1, o comprimento da nova correia era de 1466 mm (que é o comprimento-padrão mais próximo).

3.2.7 ENSAIO DA MÁQUINA MODIFICADA
A máquina modificada foi testada no campo e foi comparada com a não modificada. O ensaio foi realizado com um teor de humidade de 13,4 % em base húmida, tal como na avaliação da máquina não modificada. Foram utilizados os mesmos materiais que na avaliação da máquina não modificada.

debulhadora modificada. A velocidade do tambor circunferencial foi fixada em 20 ms^{-1} , a folga côncava foi fixada em 20 mm e foi utilizada uma taxa de alimentação de 0,5 kgs^{-1} . O teste foi repetido três vezes e a percentagem de perdas de grãos foi calculada de acordo com a metodologia da parte de avaliação deste estudo.

Capítulo 4

RESULTADOS E DEBATES

4.1 RESULTADOS

As informações de base recolhidas antes do teste de debulha foram o teor de humidade do arroz. O resultado foi obtido em três réplicas (13,50%, 13,25% e 13,45%) e a média foi de 13,40%. Este valor foi satisfatório para as condições de debulha, uma vez que o teor de humidade aceitável se situa entre 13% e 15% (Vejasit *et al.*, (2011).

As perdas médias de grãos e os grãos partidos da debulhadora de arroz Yanmar DB 1000 em diferentes níveis de velocidade periférica dos tambores, folga côncava e taxas de alimentação são apresentados nos quadros 3, 4 e 5, respetivamente.

A partir da Tabela 3, a perda máxima de grãos (14,2% por peso) foi registada à velocidade do tambor Dv1 (17,02 m/s), taxa de alimentação F1 (0,3kg) e folga côncava de CC2 = 20mm. O valor mínimo de perda de grão (5,12% em peso) foi registado à velocidade do tambor Dv1 (14,4 m/s), à folga côncava CC3 (25 mm) e à taxa de alimentação F1 (0,5 kg/s), o que é mostrado na Tabela 4.

Além disso, a partir da Tabela 4, o máximo de grãos partidos (2,16% por peso) foi registado para a velocidade do tambor Dv1 (14,4 m/s), taxa de alimentação de F1 (0,3 kg) e folga côncava CC3 (20mm), enquanto o valor mínimo de perda de grãos (0% por peso) foi registado para todos os níveis de velocidade do tambor, folga côncava e taxa de alimentação, como mostrado na Tabela 3.

Quadro 3: Perdas médias de grãos e média de grãos partidos com variação da velocidade do tambor (Dv) e da taxa de alimentação (F), com uma folga côncava constante

Velocidade do tambor, V.	F1		F2		F3	
	Perdas de grãos (%)	Grãos partidos (%)	Perdas de grãos (%)	Grãos partidos (%)	Perdas de grãos (%)	Grãos partidos (%)
Dv1	10.22	0	8.56	0	7.31	0
Dv3	13.36	0	9.2	0	8.2	0
Dv3	14.2	0	11.03	0	8.9	0

Quadro 4: Perdas médias de grãos e grãos partidos com variação da velocidade (Dv) e da folga côncava (CC) com uma taxa de alimentação constante

Côncavo Libertação, CC.	Dv1		Dv2		Dv3	
	Perdas de grãos (%)	Quebrado grãos (%)	Grãos perdas (%)	Quebrado grãos (%)	Grãos perdas (%)	Quebrado grãos (%)
CC1	78.5	0	10.7	0	11.3	0

	F2		F1		F3	
CC2	7.7	0.5	9.01	0	10.5	0
CC3	5.12	2.16	8.5	0.97	8.78	0

Tabela 5: Perdas médias de grãos e grãos partidos com variação da folga côncava (CC) e da taxa de alimentação (F) sob velocidade constante do tambor

Côncavo Libertação, CC.	F2		F1		F3	
	Grãos perdas (%)	Grãos perdas (%)	Quebrado grãos (%)	Quebrado grãos (%)	Grãos perdas (%)	Quebrado grãos (%)
CC1	10.7	7.2	0.05	0	11.3	0
CC2	9.01	7.9	0.16	0	10.5	0
CC3	8.5	9.82	0.5	0	8.78	0

A média global de perda de grãos e de grãos partidos produzidos pela versão não modificada da debulhadora Yanmar DB 1000 foi de 9,37% e 0,2%, respetivamente. A média das perdas totais de grãos para a máquina não modificada foi, por conseguinte, de 9,57%. As perdas totais de grãos obtidas foram mais elevadas quando comparadas com as perdas máximas aceitáveis, que devem ser de 3% para as debulhadoras (ASABE, 2007). No entanto, os valores médios globais de perda de grãos são consistentes com Akomuah (comunicação pessoal, 2012). A percentagem de grãos partidos também é consistente com os resultados de investigações anteriores (Alizadeh e Khodabakhshipour, 2010 e Vejasit et al, 2004).

4.2 DISCUSSÃO

4.2.1 INTERACÇÃO ENTRE OS FACTORES

Os factores estudados são a velocidade periférica do tambor (Dv), a folga côncava (CC) e a velocidade de avanço (F). Os quadros 6 e 7 indicam que não existem interacções significativas entre os factores. Isto implica que o efeito de cada um dos três factores é independente um do outro. No entanto, os efeitos principais dos factores são significativos. Isto significa que cada fator tem uma forte correlação com as perdas de grãos e os grãos partidos causados pela debulhadora. Para explicar melhor a intensidade das correlações, os factores foram analisados separadamente. A análise separada mostra como cada fator afecta as perdas de grãos e os grãos partidos. Além disso, os valores de p obtidos na ANOVA implicam que o teste foi significativamente (acima de 95%) consistente. O valor p é a probabilidade de obter um resultado pelo menos tão extremo como os do teste.

Quadro 6: Análise de variância (ANOVA) para perdas de grãos

Fonte	*de*

Variação	SS	df	EM	F	Valor de p	F crit
Filas	9.253	2	4.626	12.357	0.019	6.944
Colunas	34.035	2	17.017	45.453	0.0017	6.944
Erro	1.498	4	0.374	-	-	-
Total	44.785	8	-	-	-	-

ss = soma dos quadrados, df = grau de liberdade, ms é o quadrado médio, F = valor calculado do teste F, P = valor da probabilidade, F crit = valor do teste F para o cálculo de Fisher.

Quadro 7: Análise de variância (ANOVA) para grãos partidos

Fonte de Variação	SS	df	EM	F	Valor de p	F crit
Filas	0.7	2	0.395	2.173	0.230	6.944
Colunas	3.035	2	1.517	8.341	0.037	6.944
Erro	0.728	4	0.182	-	-	-
Total	4.553	8	-	-	-	-

ss = soma dos quadrados, df = grau de liberdade, ms é o quadrado médio, F = o valor calculado F- valor do teste, P= valor da probabilidade, F crit = valor do teste F para o cálculo de Fisher.

4.2.2 DETERMINAÇÃO DO ESTADO DE FUNCIONAMENTO RACIONAL

Os gráficos das figuras 8 a 12 foram elaborados com os dados obtidos nesta pesquisa. Os gráficos são analisados em relação a cada fator.

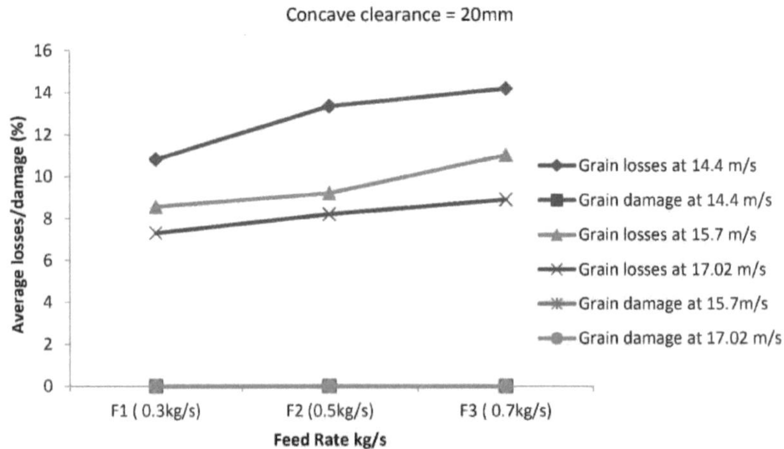

Figura 8: Gráfico das perdas médias de grãos/grãos partidos em função da taxa de alimentação para diferentes velocidades do tambor com uma folga côncava constante de 20 mm

Os grãos partidos registados a 17,02m/s, 14,4m/s e 15,02m/s na folga côncava de 20mm têm todos zero por cento de grãos partidos. Os gráficos estão na linha zero e há três gráficos de linha na linha zero na Figura 8. As perdas de grãos e os grãos partidos aumentam com o aumento da taxa de alimentação (Fig. 8 e 9). Isto implica que a taxa de alimentação mais baixa causará perdas totais baixas, no entanto, a diminuição da taxa de alimentação diminui a capacidade de debulha (quantidade de grãos debulhados por unidade de tempo em kg/h) da debulhadora. Este facto é corroborado pelo trabalho realizado por Reed *et al* (1974). A taxa de alimentação de 0,5 kg/s produz uma capacidade de 1000 kg/s (a capacidade de fabrico da máquina) e apresenta também a oportunidade de reduzir as perdas totais para um nível aceitável.

A razão pela qual as perdas de grãos e os danos aumentam com o aumento da taxa de alimentação deve-se ao facto de, à medida que a taxa de alimentação aumenta, as cavilhas do tambor encontrarem mais grãos e, por conseguinte, espalharem, descascarem e partirem mais grãos. O aumento da taxa de alimentação também resulta numa maior perda do soprador.

Figura 9: Gráfico das perdas médias de grãos/grãos partidos em função da taxa de alimentação para diferentes folgas côncavas a uma velocidade constante do tambor de 15,7 ms^{-1} .

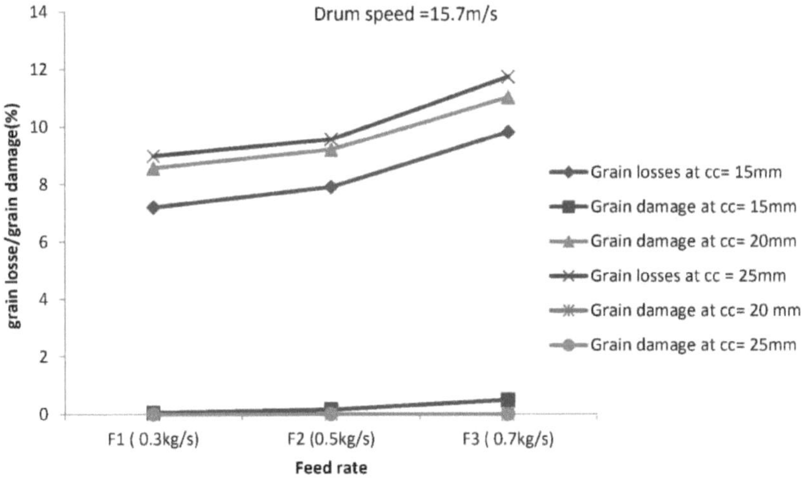

As perdas de grãos aumentam com o aumento da folga côncava e os grãos partidos diminuem com o aumento da folga côncava (Figuras 9 e 10). Os grãos partidos a uma folga côncava de 15 mm atingem 2,16% (Figura 11) e as perdas de grãos a uma folga côncava de 25 mm atingem 12% (Figura 10). Esta tendência é apoiada por um trabalho semelhante ao efectuado por Shiv *et al* (2008). Com uma folga côncava de 20 mm (valor recomendado pela IRR para as debulhadoras de fluxo axial), as perdas de grãos e os danos registados foram controláveis (Figuras 9 e 11). As perdas de grãos aumentam com o aumento da folga côncava, porque as folgas côncavas largas permitem que mais arroz em casca não debulhado passe pela máquina. Os grãos partidos aumentam com a diminuição da folga côncava, porque o material (grãos e palha de arroz) é fortemente pressionado ou espremido à medida que a folga côncava diminui.

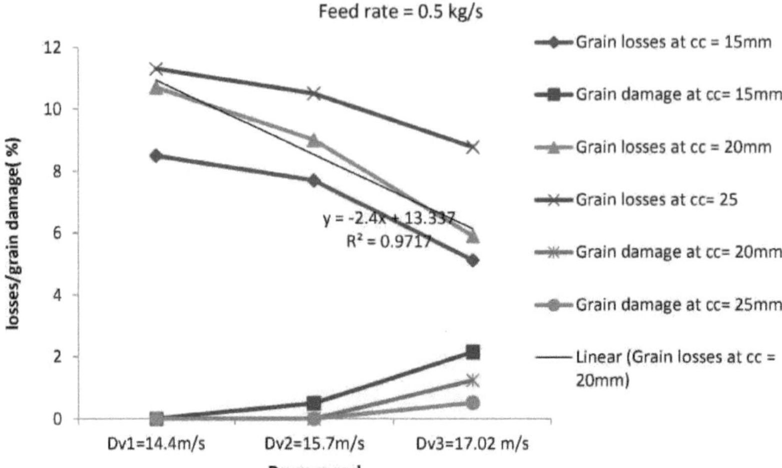

Figura 10: Gráfico das perdas médias de grãos/grãos partidos em função da velocidade do tambor para diferentes folgas côncavas a uma taxa de alimentação constante de 0,5 kgs^{-1} .

As perdas de grãos diminuem com o aumento da velocidade circunferencial do tambor (Figuras 8 e 11). No entanto, os grãos partidos diminuem com a diminuição da velocidade circunferencial do tambor. A diminuição das perdas de grãos deve-se ao facto de o aumento da velocidade circunferencial do tambor aumentar a força centrífuga com que as cavilhas do tambor atingem o arroz em casca, reduzindo assim a perda não debulhada, mas aumentando os grãos partidos. Mas o aumento da velocidade circunferencial do tambor aumenta a perda por dispersão e os grãos partidos. Esta tendência é apoiada por trabalhos anteriores efectuados por Vejasit *et al*, (2011). Isto significa que existe um limiar (ótimo) de velocidade circunferencial do tambor, para além do qual a dispersão e os grãos partidos são inaceitáveis. Este facto justifica a extensão dos níveis de velocidade do tambor para um valor de 21 m/s.

Foi elaborado um gráfico que representa esta extensão, como mostra a Figura 11.

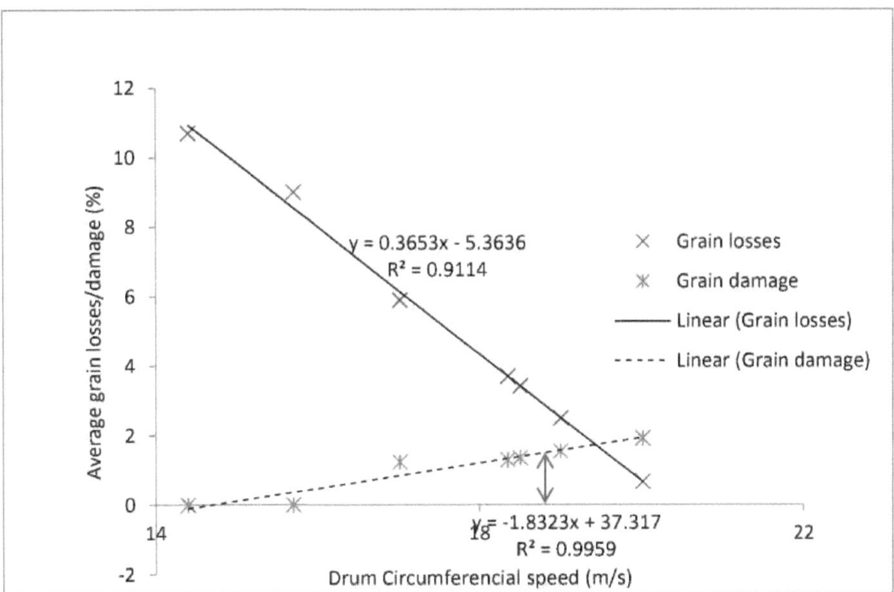

Figura 11: Gráfico das perdas médias de grãos/grãos partidos em função da velocidade do tambor para uma folga côncava de 20 mm e uma taxa de alimentação de 0,5 kg/s

As perdas de grãos diminuem linearmente com o aumento da velocidade do tambor, enquanto os grãos partidos aumentam linearmente com o aumento da velocidade do tambor (Figura 10). Por conseguinte, os gráficos lineares da velocidade do tambor em função das perdas de grãos e dos danos, com uma taxa de alimentação de 0,5 kg/s e uma folga côncava de 20 mm constantes, são apresentados na Figura 11. As equações lineares que representam os gráficos dos grãos partidos e das perdas de grãos, respetivamente, foram optimizadas linearmente (utilizando a linguagem) para obter os valores óptimos da velocidade circunferencial do tambor (Figura 11). As perdas de grãos e os grãos partidos foram combinados (aditivamente) e representados em função da velocidade do tambor

(Figura 12). Isto mostra que as perdas totais de grãos diminuem geralmente com o aumento da velocidade do tambor com a taxa de alimentação e a folga côncava a 0,5 kg/s e 20 mm, respetivamente (Figura 12).

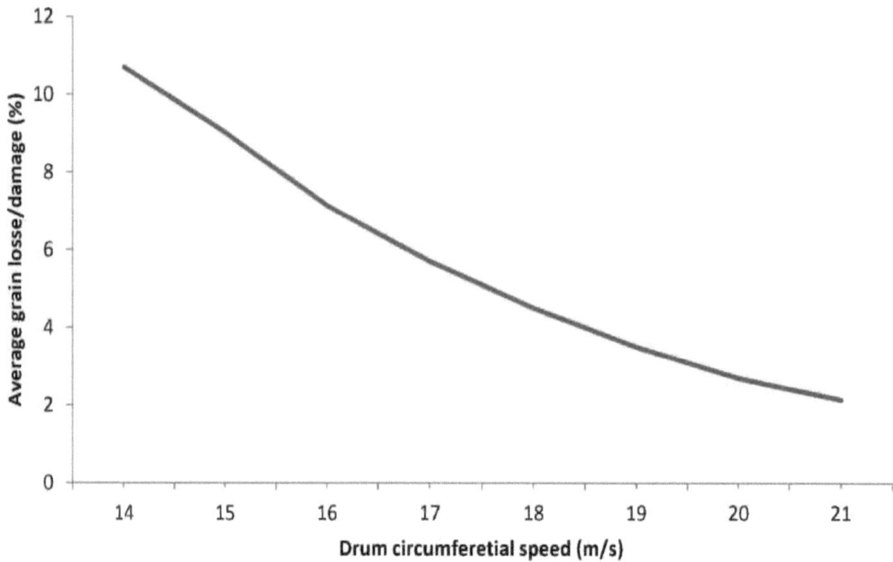

Figura 12: Gráfico das perdas totais de grãos em função da velocidade do tambor para uma folga côncava de 20 mm e uma taxa de alimentação de 0,5 kg/s.

Optimizando as equações da figura 9, $(y_\pm = 0,37\% - 5,4$ e $y_2 = -1,8\% + 37,3$, em que y - perdas/danos em grão e x - velocidade do tambor) através da programação linear (Lingo), com uma taxa de alimentação de 0,5 kg/s e uma folga côncava de 20mm, os valores correspondentes aos grãos partidos, às perdas em grão e às perdas totais em grão são apresentados na tabela 8.

Quadro 8: Perdas de grãos e grãos partidos a diferentes velocidades do tambor

Velocidade do tambor $(ms)^{-1}$	Perdas de grãos		
	Perda de grãos (%)	Grãos partidos (%)	Perdas totais de grãos (%)
18.35	4.20	1.30	5.50
18.50	3.42	1.36	4.78
19.00	2.49	1.55	4.04
20.00	0.92	2.08	3.00
20.37	0.00	2.09	2.09

As condições de funcionamento óptimas (racionais) da análise são 20 ms^{-1} velocidade circunferencial, com uma folga côncava de 20 mm e uma taxa de alimentação de 0,5 kgs^{-1} porque as perdas totais são de 3% (0,92% de perdas de grãos e 2,08% de grãos partidos), que é o total de perdas de grãos aceitável para debulhadoras de acordo com as normas da ASAE (ASABE, 1997).

4.2.3 RESULTADOS DOS ENSAIOS DA MÁQUINA MODIFICADA

A velocidade do tambor circunferencial foi fixada em 20 ms^{-1} , a folga côncava foi fixada em 20 mm e foi utilizada uma taxa de alimentação de 0,5 kgs^{-1} . Os resultados obtidos são mostrados na Tabela 9 abaixo;

Quadro 9: Perdas de grãos e grãos partidos no ensaio da debulhadora modificada

	Perdas de grãos (%)	Grãos partidos (%)	Total de perdas de grãos (%)
Replicação 1	1.36	2.60	3.96
Replicação 2	1.45	2.43	3.88
Replicação 3	1.54	2.53	4.07
Média (x)	1.45	2.52	3.97
S.D. =	1.188	0.085	0.078

A perda média de grãos foi de 1,45   27% e a média de danos nos grãos foi de 2,52

255%. A perda total de grãos para o ensaio foi de 3,97 234%.

CONCLUSÃO E RECOMENDAÇÕES

4.3 CONCLUSÃO

Com base nos resultados do estudo, são apresentadas as seguintes conclusões:

- A média das perdas totais de grãos causadas pela debulhadora Yanmar DB 1000 não modificada por avaliação de campo foi de 9,57%.
- As modificações efectuadas nos parâmetros operacionais da debulhadora resultaram em perdas totais de grãos de 3,95% contra 9,57% para a debulhadora não modificada, o que representa uma diminuição de 5,62%.
- O estudo não conseguiu cumprir os 3% de perdas máximas aceitáveis para as debulhadoras (ASAB, 1997); no entanto, forneceu uma forma sistemática de reduzir as perdas de grãos da debulhadora de arroz Yanmar DB 1000 de 9,57% para 3,95%, o que pode ser melhorado em investigação futura.
- O estudo mostrou que a velocidade do tambor tinha um efeito mais forte sobre as perdas de grãos e os grãos partidos do que a taxa de alimentação e a folga côncava.
- O comprimento da correia obtido na seleção da correia da metodologia de modificação foi de 1449 mm, mas a correia de secção B normalizada mais próxima disponível no mercado era de 1466 mm. O facto de não se utilizar o comprimento de correia obtido teve um efeito no funcionamento da máquina modificada.

4.4 RECOMENDAÇÃO

Com base nas conclusões do estudo, são propostas as seguintes recomendações;

- Que seja feita uma investigação mais aprofundada sobre a debulhadora Yanmar DB 1000, com grande ênfase na velocidade do tambor, que tem um efeito dominante nas perdas totais de grãos em relação aos outros factores (taxa de alimentação e folga côncava).
- A debulhadora Yanmar DB 1000 deve ser modificada com as especificações obtidas na investigação proposta.
- Que, na modificação, seja utilizada uma polia de roldana para eliminar o efeito da utilização de uma correia normalizada com um comprimento superior ao da correia selecionada/correia concebida.

REFERÊNCIAS

Ajav E. A. e Adejumo B. A. (2005). Avaliação do desempenho de uma debulhadora de quiabos. Agricultural Engineering International: The CIGR E Journal, 7, 1-8.

Alizadeh M. R. e Khodabakhshipour M. (2010). Effect of Threshing Drum Speed and Crop Moisture Content on The Paddy rice Grain Damage in Axial-flow Thresher, cercetari agronomice in Moldova, 43 (4), 144.

Appiah F., Guisse R. e Dartey P. K. A, abril, (2011). Perdas pós-colheita de arroz desde a colheita até à moagem no Gana. Journal of Stored Products and Postharvest Research, 2(4), 64 -71. Disponível online http://www.academicjournals.org/JSPPR.

ASABE, (1997). ASAE Standards - 44th Edition (Dados de práticas de engenharia de padrões). The Society for Engineering in Agricultural, Food, and Biological Systems, U.S.A.

Askari E. A. e Abbaspour-Gilandeh Y. (2008). Investigation of the Effective Factors on Threshing loss, Damaged Grains Percent and Material Other than Grain to Grain Ratio on an Auto Head Feed Threshing Unit. American Journal of Agricultural and Biological Sciences, 3(4), 699-705.

Azouma O., Makennibe P., e Koji Y. (2009). Projeto de uma debulhadora de arroz do tipo "Throw-in" para pequenos agricultores. Revista Indiana de Ciência e Tecnologia, 2.

Bartsch, J. A., C. G. Haugh, K. L. Athow e R. M. Peart (1979). Danos por impacto em sementes de soja. Transactions of the ASAE, 79(15), 3037-3042.

Cooper G. (1972). Separação côncava a partir de testes laboratoriais. Tradução da ASAE, 15, 865-869.

Dauda A. (2001). Conceção, construção e avaliação do desempenho de uma debulhadora de feijão-frade operada manualmente para pequenos agricultores no norte da Nigéria. Agricultural Mechanization in Asia, Africa and Latin America. 32(4), 47-49.

Davoodi S. M. J. e Houshyar E. (2010). Avaliação das perdas de trigo com a utilização da ceifeira-debulhadora New Holland no Irão, American-Eurasian J. Agric. & Environ. Sci. 8 (1), 104108.

De Simone M. E, Filgueira R. R. e Gracia L. C. (2000). Os parâmetros de regulação e projeto numa ceifeira-debulhadora convencional. Reunião internacional anual da ASAE, 006008.

Earthrends (2001). Disappearing Food: How big are the postharvest losses (Desaparecimento de alimentos: qual a dimensão das perdas pós-colheita). Informação ambiental. Washington DC: Instituto de Recursos Mundiais. Recuperado em 10 de maio de 2010 de http://earthtrends.wri.org/pdf_library/feature/agr_fea_disappear.pdf.

El Din S. A. G. E., Mohamed A. A. e Awad E. S. A. (2007). Melhoria da debulhadora de grãos modificada para a debulha de amendoim. Agricultural mechanization in Asia, Africa, and Latin America (Mecanização agrícola na Ásia, África e América Latina). 38 (3), 9-14.

Erkut P., Turhan K., Cengiz A., Abdullah S. e Yunus P. (2013). Viabilidade das sementes e rendimento de cultivares de grão-de-bico (*Cicer arietinum*) debulhadas por diferentes tipos de batedores e côncavos. Revista internacional de agricultura e biologia ISSN Print: 1560-8530; ISSN Online:1814-959612-629/2013/15-1-76-82   . Retrived from http://www.fspublishers.org.

Feiffer, A., Feiffer, P., Kutschenreiter, W. e Rademacher, T. (2005). Getreideernte - sauber, sicher, schnell. Verlag DLG [slides em power point], 244.

Hall, J.W. e Husman J. F. (1981). Correlação das propriedades físicas com o desempenho da ceifeira-debulhadora. Trabalho apresentado na conferência da ASAE, 81 3538 - St Joseph Michigan - ASAE.

Harris K. L., e Lindblad C. J. (1978). Avaliação da perda de grãos após a colheita. Métodos. Minnesota, Am. Assoc. Cereal Chem., St. Paul, Minnesota, 193.

Hunter J. S. e Hunter W. G. (1978). Statistics for Experimenters. John Wiley and Sons, Nova Iorque.

Kalikadze, K. E., Lipkovitch, E. I. e Kolosina, Z. M. (1974). Danos nos grãos em ceifeiras-debulhadoras. Mecanização e eletrificação da produção agrícola. VNIIPTIMESX,

Zernograd, **17**, 153-157.

Kathrivel K, e Sivakumar S. (2003). Empowerment of women in Agriculture (Capacitação das mulheres na agricultura). Relatório do comité de coordenação do AICRP sobre ergonomia e segurança na agricultura. 30. Universidade Agrícola de Tamil Nadu, Índia.

Khazaee, J. (2003). Força necessária para arrancar vagens de grão-de-bico, bem como resistência à fratura de vagens e grãos de grão-de-bico. Tese de doutoramento, Departamento de Energia e Máquinas. Universidade de Teerão.

Khushk, A. M. e Lashari, M. I. (2006, 14 de agosto). Returns on paddy rice threshing. *DAWN the internet edition,* DAWN groups of News papers. [Acedido em 27 de março de 2008]. Disponível em http://www.dawn.com/2006/08/14/ebr6.htm

Lamp, B. J. e W. F. Buchanan, (1960). Centrifugal Threshing of Small Grains. Trans. of the ASAE. 3(2) 24 - 28.

Long, J. D., M. H. Hamdy e W. H. Johnson, (1967). A Study of the effects of centrifugal force upon wheat separation (Estudo dos efeitos da força centrífuga na separação do trigo). Trabalho apresentado na conferência 67629 da ASAE [slides em power point], 8.

Manful J., e Fofana M (2010). Práticas de pós-colheita e a qualidade do arroz na África Ocidental. CORAF/WECARD. Cotounou, Benim.

Mesquita C. M. e M. A. Hanna. (1995). Propriedades físicas e mecânicas de culturas de soja.Transactions of the ASAE. 38(6), 1655-1658.

Mohamed H. D., Hassan E. H. H. e Mohamed H. N. (2007). Modificação do sistema de transmissão de energia para a debulhadora combinada estacionária, Mecanização Agrícola na Ásia, África e América Latina, 38, (3).

Mohanty S. K., B. K. Behera e G. C. Satapathy (2009). Ergonomical Assessment of Pedal Paddy rice Threshers with Farm Women (Avaliação ergonómica de debulhadoras de arroz a pedal com mulheres agricultoras). Journal of Agricultural Engineering, 46, (3).

Nave, W. R. (1979). Equipamento de colheita de soja: Inovações recentes e situação atual. Em F.T. Corbin (Ed.) World soybean research conference II: Proceedings. Westview Press, Boulder, Co. [power point], 433-449.

Newberg, R. S., M. R. Pualsen e W. R. Nave. (1980). Qualidade da soja com debulha rotativa e convencional. Transactions of the ASAE. 23(2), 303-308.

Omran M. A., Omer M. E. E. e Hassan I. M. (2005). Modificação e desempenho de uma debulhadora multi-culturas, J. Sc. Tec., 6, (2).

Osueke C. O. (2011). Simulação e modelação de otimização do desempenho de uma debulhadora de cereais. Revista Internacional de Engenharia e Tecnologia IJET-IJENS. 11 (3)

Oteng J. W., e SantAnna R. (1999). Produção de arroz em África. Situação atual e questões. Boletim Informativo da Comissão Internacional do Arroz.

Paulsen, M. R. (1978). Resistência à fratura dos grãos de soja a uma carga abrangente. Transacções da ASAE. 21(6), 1210-1216.

Rani, M., N. K. Banal, B. S. Dahiya e R. K. Kashyap, (2001). Otimização dos parâmetros máquina-colheita para debulhar a colheita de sementes de grão-de-bico. International Agricultural Engineering Journal, 10(3&4), 151-164.

Reed, W. E., G. C. Zoerb e F. W. Bigsby, (1974). Um Estudo Laboratorial de Separação Grão-Terra - Trans. of the ASAE. 17 (3), 452-460.

Roj, A. A. e Liotkovski, J. (1984). Consulta do aumento da produtividade do aparelho de debulha da ceifeira-debulhadora. Conceção de peças de trabalho de máquinas agrícolas e agregados para forragem. Rostov/Don, pp, 41-50.

Samuel A. D., Sylvester A. e Shamsudeen A., (2012). Technical Efficiency of Rice Production at the Tono Irrigation Scheme in Northern Ghana, American Journal of Experimental Agriculture, 3(1), 25-42.

Sharma P. C. e D. K. Aggarwal (2003). A text book of machine design, S. K. Kataria and sons publication. Guru Nanak market, Nai Sarak, Delhi- 110 006.

Shigley, J. E. e L. D. Mitchell, (1983). Mechanical Engineering Design, 4ª Edição. Mc Graw-Hill

Book Company.

Shiv K. L. (2008). Efeito dos cilindros de debulha nos danos e viabilidade das sementes de moongbean (Vigna radiate. (L.) Wilezee), Agricultural mechanization in asia, africa, and latin America, 39 (4).

Siebenmorgen T. J, S. B. Andrews, E. D. Vories e D. H. Loewer (1994). Comparison of combine grain loss measurement techniques, American Society of Agricultural Engineers, 0883-8542 / 94 /1003-0311.

Singh, K. N. e B. Singh (1981). Efeito dos parâmetros da cultura e da máquina na eficácia da debulha e na qualidade das sementes de soja - J. Agric.engng. Res., (26) 349-355.

Singh, K. e H. C. Joshi, (1979). Debulhadora de fluxo axial. Appropriate Technology News letter. U. P. Índia. 2(4), 5 - 6.

Singh K.. R, M. Kumar, Ajay Kumar e A. K. Srivastva (2008). effect of wire loop spacing, tip height and threshing drum speed on threshing performance of pedal operated paddy rice thresher, Journal of Agricultural Engineering, 45(1).

Spokas L. , D. Steponavicius e S. Petkevicius (2008), Impact of technological parameters of threshing apparatus on grain damage, Agronomy Research 6(Special issue), 367- 376.

Vejasit A. e V. Salokhe, (2004). Estudos sobre os parâmetros máquina-cultura de uma debulhadora de fluxo axial para debulhar soja. Agriculture Engineering International: the GIGR Journal of Scientific Research and Development. Manuscrito PM 04 004.

Wacker, P., (2003). Influência das propriedades das culturas na debulha das culturas de cereais. Actas da conferência internacional sobre colheita e processamento de culturas, Louisville, Kentucky, EUA, 701P1103e. Publicado pela Sociedade Americana de Engenheiros Agrícolas e Biológicos, St. Joseph, Michigan.

WARDA (2007). Overview of recent developments in sub-saharan Africa rice sector. Tendências do arroz em África, Cotounou, Benim, (10).

Weerasooriya G. V. T. V., M. H. M. A. Bandara e M. Rambanda (2011). Avaliação do desempenho da debulhadora de arroz em casca combinada de alta capacidade accionada por trator de quatro rodas; Tropical Agricultural Research, 22 (3), 273 - 281.

APÊNDICES

APÊNDICE UM

TABELAS NORMALIZADAS PARA ACCIONAMENTOS POR CORREIA

Tabela 10: Quantidades de conversão de comprimento para correias convencionais de serviço pesado

Designação da correia	Gama de tamanhos (mm)	Conversão Quantidades
A	660 a 3251	1.3
B	889 a 6096	1.8
B	26096 para cima	2.1
C	1295 a 5334	2.9
C	5334 para cima	3.8
D	3048 a 5334	3.3
D	5334 para cima	4.1
E	4572 a 6096	4.5
E	6096 para cima	5.5

Tabela 11: Comprimento padrão Ls e factores de correção do comprimento K2

Ls	A	B	C	D
60	0.97	0.91	0.83	-
68	1.00	0.94	0.85	-
75	1.02	0.96	0.87	-
80	1.05	-	-	-
81	-	0.98	0.89	-
85	1.05	0.99	0.90	-
90	1.07	1.00	0.91	
96	1.08		0.92	
97		1.02		
105	1.10	1.03	0.94	
112	1.12	1.05	0.95	
120	1.13	1.06	0.96	0.88
128	1.15	1.08	0.98	0.89

Quadro 12: Factores de relação de velocidade para utilização na equação de classificação de potência

Intervalo D/d	K_A
1,00 a 1,01	1.0000
1,02 a 1,04	1.0112
1,05 a 1,07	1.0226
1,08 a 1,10	1.0344
1.11 a 1.14	1.0463
1.15 a 1.20	1.0586
1,21 a 1,27	1.0711
1,28 a 1,39	1.0840
1,40 a 1,64	1.0972
mais de 1,64	1.1106

Quadro 13: Conversão para trabalhos pesados Secção da correia em V

Designação da correia	Gama de potências por correia (kw)	Tamanho normalizado típico da polia (mm)
Polegadas série A	0,149 a 3,72866, com	incrementos de 5,08
Polegadas série B	0,597 a 7,457116	,84 com um aumento de 5,08
Polegadas série c	0,746 a 15,659177	,8 com aumentos de 12,7

Secção da correia	C1	C2	C3	C4
A	0.8542	1.342	$2.436(10)^{-4}$	0.1703
B	1.5060	3.520	$4.193\,(10)^{-4}$	0.2931
C	2.7860	9.788	$7.460(10)^{-4}$	0.5214
D	5.9220	34.72	$1.522(10)^{-4}$	1.064
E	8.6420	66.32	$2.192(10)$	1.5732

APÊNDICE DOIS

DEFINIÇÕES E TERMOS NO DOMÍNIO DAS DEBULHADORAS

Para evitar confusões entre os termos utilizados no presente estudo, foram dadas as seguintes definições:

Debulhadora de fluxo axial

Tipo de debulhadora que permite que as plantas cortadas se desloquem de forma helicoidal em torno do cilindro debulhador, com o efeito líquido de deslocar o material axialmente entre as saídas de alimentação e de descarga

Perda do ventilador

Relação entre o peso dos grãos soprados com a palha pela ventoinha da debulhadora e o peso da entrada total de grãos da debulhadora, expressa em percentagem

Palha

Descarga de grãos vazios e palha triturada da câmara de debulha

Grelha côncava/ Componente côncavo

Grelha de ferro que envolve parcial ou totalmente o cilindro sobre o qual os elementos debulhadores friccionam, cortam e/ou fazem chocar as plantas cortadas

Grãos rachados

Grãos que apresentem sinais de fissuras, fracturas ou lascas

Relação *grão-palha/teor de grãos*

Relação entre o peso dos grãos presentes nas panículas e o peso total dos grãos e da palha da mesma amostra

Debulhadora de espera

Tipo de debulhadora em que as panículas das plantas cortadas são introduzidas na câmara de debulha enquanto os caules são mantidos mecânica ou manualmente durante a operação de debulha

Grãos danificados mecanicamente

Grãos partidos e/ou descascados (parcial ou totalmente) na sequência da operação de debulha

Debulhadora mecânica de arroz

Máquina utilizada para destacar e separar a palma das panículas

NOTA Pode ou não ter uma unidade de limpeza de grãos.

Teor de humidade

Teor de humidade do grão, expresso em percentagem do peso total da amostra (base húmida)

NOTA Calcula-se como:

Em que: M_0 = massa inicial, em grãos, da toma de ensaio, M1 = massa, em grãos, do ensaio seco porção

Teor de humidade, % $\text{w.b.} = \dfrac{M_0 - M_1}{M_1} \times 100$

Cilindro de dentes de pino

Tipo de cilindro debulhador em que as espigas ou cavilhas estão fixadas na periferia do cilindro em tandem ou em disposições helicoidais

Pureza

Relação entre o peso dos grãos limpos e o peso total da amostra de grãos sujos, expressa em percentagem.

Cilindro de barra de raspagem

Tipo de cilindro debulhador em que a debulha é efectuada entre saliências em forma de barra, dispostas paralelamente na periferia do cilindro, e barras fixas incorporadas ou fixadas na grelha côncava

Velocidade nominal do motor

Velocidade do motor indicada em rotações por minuto (rpm) do veio do motor, conforme especificado pelo fabricante do motor para funcionamento a carga nominal contínua

Perda por dispersão

Relação entre o peso dos grãos que caíram da máquina durante a operação de debulha e o peso da entrada total de grãos da debulhadora, expressa em percentagem

Perda de separação

Relação entre o peso dos grãos que saem da câmara de debulha com a palha e o peso da entrada total de grãos da debulhadora, expressa em percentagem

Comprimento da palha

Comprimento das plantas cortadas medido desde o ponto de corte até à ponta da panícula

Grãos debulhados

Grãos destacados das panículas pela debulhadora, incluindo os grãos maduros, imaturos e danificados

Unidade de debulha/Câmara de debulha

parte da debulhadora onde os grãos são destacados e separados das panículas

Cilindro de debulha (tambor)

Parte da unidade de debulha que gira em torno de um eixo e que está equipada com cavilhas, barras de raspagem ou laços de arame na sua periferia

Eficiência de debulha

Relação entre o peso dos grãos debulhados recolhidos em todas as saídas e o peso total dos grãos debulhados na debulhadora, expressa em percentagem

Elemento de debulha

Dispositivos do cilindro debulhador, tais como dentes de pino, laço de arame e barra de raspagem, que separam os grãos das panículas

Recuperação da debulha

Relação entre o peso dos grãos debulhados recolhidos na saída principal de grãos e o peso da entrada total de grãos da debulhadora, expressa em percentagem

Triturador de fluxo contínuo

Tipo de debulhadora de lançamento, em que as plantas cortadas são alimentadas entre o cilindro rotativo e o côncavo estacionário e os materiais debulhados são descarregados tangencialmente para fora da câmara de debulha

Debulhador de arremesso

Tipo de debulhadora que separa os grãos através da alimentação das plantas cortadas na máquina

Total de grãos

Soma dos pesos dos grãos debulhados recolhidos e de todos os grãos perdidos durante a debulha

Perda não debitada

Relação entre o peso dos grãos que permaneceram nas panículas das plantas introduzidas na câmara de debulha e o peso do grão total introduzido na debulhadora, expressa em percentagem

Cilindro de arame

Tipo de cilindro debulhador em que os arames com o mesmo arco e dimensão estão fixados na periferia do cilindro em disposição tandem com ou sem o côncavo debulhador

Materiais de construção

As barras e chapas de aço são geralmente utilizadas para o fabrico dos diferentes componentes da debulhadora mecânica de arroz. Os elementos de debulha devem ser fabricados em aço-liga ou em aço-carbono tratado termicamente (AISI1040 - 1055 ou seu equivalente ISO).

ALGUNS NÚMEROS DOS ESTUDOS DE CAMPO

Figura 13: Debulhadora Yanmar DB 1000 em utilização

Figura 14: Método manual de debulha do arroz

Figura 15: O tambor e o côncavo de uma debulhadora

Figura 16: Desembaraço do arroz após a debulha

Printed by Books on Demand GmbH, Norderstedt / Germany